LA TROISIESME PARTIE.

Des nouueaux Fourneaux Philosophiques.

La maniere de faire l'instrument de fer, où de cuiure, & celle du Fourneau.

IL faut faire l'instrument auec de la platine de fer ou de cuiure qui soit bien forte en la forme suiuante. Il faut premierement faire deux demi globes de platine de fer ou de cuiure rouge, ou de loton, enuiron de la grosseur de la teste d'vn homme, il faut souder ces deux demies boules ensemble auec de la tres-bonnes soudure, & non pas auec du plomb ou de l'estain; & faut qu'vne des moytiez ait vn canal, fait comme les robins que l'on met aux tonneaux, à sçauoir plus large du costé de la boule qu'a l'autre bout, & que ce canal ait pour le moins vn empan de long, & faut que le canal soit proportionné à la grosseur du globe, sçauoir plus large ou plus estroit selon que la boule sera plus ou moins grosse, & faut que ce canal soit aussi tres-bien soudé au globe, & qu'il soit exactement rond, affin qu'il emplisse esgalement le trou rond qu'on fera au vaisseau de bois, dans lequel il faut qu'il entre; il faut que l'entrée de ce canal ait deux trauers de doit de diametre, & qu'il soit bien exactement accommodé, affin qu'il ne puisse ruisseler ny sortir aucune humidité. Et faut ensuitte faire faire vn petit Fourneau de platine de fer ou de cuiure, qu'il faut garnir de briques en dedans, ou de tres-bonne terre, affin de pouuoir mettre la boule dedans comme on a accoustumé d'y mettre vne retorte, à sçauoir enuiron vn empan au dessus de la grille du Fourneau, & faut qu'il y ait deux barres de fer au Fourneau pour soustenir cét instrument, & que le canal sorte pour le moins vn empan de longueur hors du Fourneau, & que le Fourneau ait vn cendrier, auec sa porte, & vn counercle par dessus auec vn registre en haut pour gouuerner le feu; il faut aussi que ce Fourneau ait trois pieds par dessous & deux manuelles aux costez pour le porter ou l'on voudra : Ce qui est tres necessaire par ceque ce fourneau ne sert pas seulement à la distilation des esprits ardents par le moyen des Vaisseaux de bois, au lieu de vaisseaux de cuiure : mais peut aussi seruir pour distiller auec des cucurbites de terre, de verre & autres matieres, & à digerer dans des matras, phioles, & autres Vaisseaux circulatoires, qui se mettent au bain magie, comme aussi pour cuire & faire boulir dans des cuves de bois la bierre, l'hydromel & autres boissons artificielles. Dont on poura voir la figure & ,la forme dans le dessein qui est à l'entrée de ce livre

Des instruments & Vaisseaux de bois desquels on se servira en la place de ceux de cuivre &c.

ET premierement de ces Vaisseaux desquels on se seruira en la place des Vessies & refrigeres de Cuiure, dans lesquels on pourra distiller toutes sortes desprits ardents, comme de Vin, bierre, lie, bras, du grain, de la farine, des racines, herbes, fleurs, semences, & autres choses Vegetables, comme aussi pour en distiller & faire les huiles.

Il faut faire faire vn tonneau de bon bois de chesne, pareil à vn autre tonneau à Vin où à bierre, de grosseur conuenable, à ce que le petit instrument puisse faire boulir ce qui sera dedans; car il faut que le tonneau & l'instrument de fer où de cuiure soient proportionnés l'vn à l'autre; car si le tonneau estoit trop grand pour la boule on demeureroit trop longtemps deuant que de pouuoir faire boulir la matiere enclose dedans, ce qui ennuieroit.

On se peut bien seruir d'vne grosse boule à vn petit tonneau, mais non pas d'vn grand tonneau auec vne petite boule : Car tant plus le tonneau est petit & la boule grosse, tant plustost aussi se fera l'ouurage entrepris.

Or acause que cette inuention sert à espargner les vaisseaux qui coustent beaucoup & beaucoup d'autres frais qui les suiuent, il ne seroit pas àpropos de faire la boule trop grosse, car il y faudroit aussi vn grand fourneau, & ne se pouroit pas transporter facilement d'vn lieu en vn autre, comme quand elle sera proportionée au vaisseau en sorte quelle suffist pour les faire boulir & eschauffer selon le besoin. C'est pourquoy amy Lecteur ie veux apprendre la grosseur proportionnée de la boule & du tõneau qui doiuẽt estre ensemble, afin que chacun puisse bien distiler & se seruir adroitement des ces instruments ; il faut l'entendre & le pratiquer comme nous dirons cy-dessous.

Vne boule de la grosseur ordinaire de la teste d'vn homme, qui tiendra enuiront trois où quatre quartes, a raison de quatre liures pesant pour la quarte, peut tres-bien seruir à vn tonneau de 30 40. 50. 60. voire iusqu'a à vn tonneau de 100. quartes, pour le faire boulir, mais plus il approche de 30. quartes, & tant plustost boulira t'il, & plus il s'en esloignera tant plus de temps & de feu faudra-t'il pour le faire boulir. C'est pourquoy ie ne suis pas d'aduis qu'on se serue d'vne petite boule pour vn si grand vaisseau, parce que cela consumeroit trop de temps, & seroit trop ennuyeux. Et n'est pas besoin d'y prendre garde de si pres, il suffit qu'on puisse faire autant auec vn petit instrument de peu de frais qu'auec tant d'autres instruments & vaisseaux de cuiure & d'autres metaux differents, qui sont necessaires dans vn laboratoire, & qu'vn artiste aura en tous lieux plus facilement vn tonneau de bois & à moins de frais qu'vne vessie de cuiure vn bain marie, ou quelque grande chaudiere, qui sont vaisseaux qui coustent beaucoup, & qui ne se trouuent pas par tout: car cette inuention n'espargue pas seulement les despens, mais elle espargnent aussi la place du laboratoire, parce qu'il n'est pas necessaire d'y bastir tant de fourneaux: car quand on s'est seruy du tonneau, ou du Bain marie ou de quelque autre vaisseau de bois, on peut le mettre hors du laboratoire jusqu'à la premiere necessité, ce qui ne se peut faire des autres vaisseaux metaliques emmurés dans des Fourneaux stables & fixes. Cette inuention sert aussi és lieux ou on ne trouue pas d'ouuriers qui puissent faire des vaisseaux de metal, & y à tres-peu d'endroits ou l'on ne trouue quelqu'vn qui puisse faire vn tonneau ou autre vaisseau de bois: elle est aussi vtile à ceux qui veulent trauailler quelque chose de secret: car on peut mettre le fourneau auec la boule dans vne chambre à part, & le tonneau ou bain marie, ou la cuue à brasser dans vne autre, soit pour digerer, distiller, ou faire quelque autre operation: & de cette façon celuy qui gouuerne le feu ne voit pas seulement ce qu'on fait: en sorte qu'on peut faire gouuerner le Feu pas vn garçon ou par vne seruante, sans crainte qu'ils puissent rompre pas vn vaisseau, ou il y auroit quelque matiere precieuse, & qu'aussi on ne craindroit pas qu'elle fust desrobée : C'est pourquoy vn tel petit instrument & les vaisseaux de bois sont plus propres que les vaisseaux de cuiure. Il y à pourtant cecy à dire encores, sçauoir que cette façon de distiller est plus longue que celle qui se fait auec les vaisseaux de cuiure accoustumés, & par consequent demande aussi plus de Feu, Ie conseile donc à ceux qui auront des moyens suffisants pour fournir aux frais, & qui auront assez de place en leur laboratoire pour contenir les fourneaux, ie leur conseile disie de trauailler auec les vaisseaux de metal, pour acourcir le trauail & espargner le Feu : mais que ceux qui n'auront pas le moyen de faire les frais, ou qui sont en lieu ou les ouuriers leur manquent ceux là se pouront seruir de cét instrument & de ces vaisseaux de bois : car ils trouueront que s'il couste vn peu plus de Feu, ils auront aussi beaucoup espargné pour la fabrique des vaisseaux metalliques, & de leur fourneaux, si bien que qui peseroit les deux façons, en vne balance on trouueroit qu'il n'y à pas beaucoup de difference de l'vn à l'autre. Que ceux neantmoins qui ne pourront pas comprendre cecy, se tiennent à la façon de distiler ordinaire, cela leur sera libre : Ie ne doute pas pourtant qu'il n'y en ait beaucoup de ceux qui sçauent & connoissent la difference du trauail chimique, qui se seruiront de mon inuention & la prefereront à l'autre commune façon de faire, i'ay plustost inuenté ce cy pour les pauures artistes, distilateurs d'eau de vie & pour les Peres de familles lesquels pour la plus part opereroient volontiers en Chimie, distilleroient ou feroient autre choses, qu'ils ne peuuent faire, manque de pouuoir auoir les vaisseaux necessaires à cause de leur cherté y en ayant beaucoup qui auront plustost le moyen d'acheter trois ou quatre liures de cuiure, que d'auoir des vaisseaux qui en pesent soixante, quatre-vingt, ou cent liures, & qui feront plustost faire vn tonneau ou autre vaisseau de bois, qu'ils ne bastiront vn Fourneau, y en ayant d'autres qui n'ont point de lieu pour les placer, quoy qu'ils ayent le moyen de faire les autres frais : c'est pourquoy chacun pourra choisir la methode qui luy sera la plus commode, car i'ay escrit & enseigne cecy plûstot en faueur des pauures que des riches, neantmoins qu'vn riche artiste n'aye pas de honte de se seruir de cette façon de faire, encore qu'il ait le moyen de faire les frais, & du lieu suffisant pour placer les Fourneaux, car il est libre à chacun de faire ce qui luy plaist & qu'il trouue commode pour paruenir à la fin qu'il s'est proposé. S'il y en à pourtant qui ayment mieux la parade, que la simplicité, que ceux-la ne cherchent pas y cy dedans d'ayde n'y dequoy contenter leur humeur altiere. Pource qui est de moy, ie me contente de ce-cy d'autant que ie l'ay declaré pour le bien de mon prochain, soit qu'on le trouue bon où mauuais, si est-ce que ie l'ay fait de bon cœur, estant assuré qu'il s'en peut tirer plus de bien que de mal : d'autant que celuy qui fera bien faire l'instrument de fer où de cuiure & les vaisseaux de bois & qui s'en saura bien seruir, trouuera que cette inuention est tres-bonne

S'ensuit le reste de ce qui est affaire pour le Vaisseau à distiller.

QVand le tonneau est acheué, il le faut poser sur vn pied fait expres pour cela, puis y forer vn trou en bas, iuste au dessus du fonds de grosseur conuenable pour y bien accommoder le canal de la boule d'ont à esté dit cy dessus, qui doit estre enuelopé de quelque linge affin qu'il bouche mieux le trou & que rien n'en puisse sortir. Vis à vis de l'autre costé du tonneau il faut forer vn autre trou pour y mettre vn robin de cuiure, où de bois, affin de pouuoir vuider ce qui reste apres la distilation. Et faut faire vn autre trou au fond de dessus le tonneau qui ait enuiron vn bon empan de diametre, par lequel on puisse verser ce qui est à distiller; & iuste au dessous de ce fonds de dessus, il faut encore percer vn autre trou, d'enuiron trois où quatre trauers de doigt de diametre, auquel il faut cloüer vn canal de cuiure de la longueur d'vn pied de Roy où enuiron, au bout duquel il faut approprier vn tonneau dans lequel il y ait vn serpent pareil en tout aux autres ordinaires, auec quoy en distille l'eau de vie, affin que le canal du serpent qui sort de ce second tonneau reçoiue iuste le canal qui sort du premier, & faut que ce second tonneau soit plain d'eau pour rafraichir & condenser les vapeurs. Voila sommairement la forme du tonneau à distiller auec son instrument & son fourneau, duquel on se peut seruir en la place des vaisseaux de cuiure pour distiller les esprits ardents & les huiles.

On pourroit icy m'objecter & dire qu'vn tonneau de cette sorte, retiendra dans la distillation, beaucoup d'esprits & d'huile, & qu'il s'en éuaporera beaucoup acause de la porosité du bois, ce que ne fait pas le metal qui est plus compact. A quoy ie responds qu'vn esprit ne cherche pas à s'en aller à trauers le bois, pendāt qu'il trouue quelqu'autre passage. Or parce qu'icy les esprits ont du lieu & de l'espace assez pour passer par le canal, il ne faut s'en mettre en peine, si l'esprit trouuera ce pasage, ni croire qu'ayant a passer par ailleurs, il passe au trauers d'vn bois bon, & bien serré : il ne demeure aussi aucune partie de l'huile : car puis que la chaleur de l'eau boüillante peut separer des semences, aromats, & autres choses la mesme chaleur aura aussi la force de la faire passer dans le canal, & estant refroidy & condensé, il se trouuera dans le recipient. Ainsi rien ne se pert non plus que si la distillation auoit esté faite dans vn Vaisseau de cuiure. On peut aussi rectifier, dās ce Vaisseau de bois, les esprits apres leur premiere distilation, tout de mesme que dans le metal,

Comment on pourra accommoder vn Vaisseau de bois, pour s'en seruir de Bain à queuë en lieu des Vaisseaux de plomb où cuiure, tant pour y mettre des Vaisseaux de verre à digerer que pour distiller.

IL faut faire faire vn cuueau de bois de la hauteur de deux où trois empans, qui soit quelque peu plus estroit en haut qu'en bas auec vn rebord, sur lequel il faut faire couper des trous, selon la grosseur où petitesse des cucurbites qu'on y veut mettre a distiller, où selon la grosseur des matras qu'on y veut mettre à digerer, comme on a accoustumé de faire au Bain marie ordinaire; ce Vaisseau peut estre grand où petit selon le besoin qn'on en à, la figure en est au commancement du Liure. Il faut placer le cuueau sur vn pied de hauteur conuenable & propre pour ceux qui s'en veulent seruir, & suffisamment afin de placer à costé le Fourneau auec le petit instrument de cuiure pour en faire entrer le canal dedans le cuueau par vn trou qu'on y aura percé en bas comme il à esté dit de l'autre tonneau. Que si neantmoins on auoit trop haste, & qu'on ne voulut pas frayer ce qu'vn Vaisseau neuf pourroit couster, (quoy qu'il ne soit pas cher) il ne faudra que faire coûper en deux vn tonneau vuide de vin où de bierre, puis y percer vn trou au bas, & l'accomoder comme nous auons dit, & appliquer dessus vn couuercle de bois, ainsi on aura vn Bain a peu de frais, & en peu de temps, enfin chacun en pourra faire accommoder a sa fantaisie, cela déspend de la pensée & de l'inuention de chacun.

La façon de faire vn Vaisseau de bois, dans lequel on pourra faire brasser & cuire de la Bierre, de l'Hydromel, du Vinaigre & d'autre boisson, aussi bien où mieux que dans les Vaisseaux & Chaudieres de Cuiure, de Fer, de Plomb ou d'Estain.

IL faut faire faire vne cuue de bois, qui soit vn peut plus haute que large, & aussi vn peu plus estroitte en haut qu'en bas, & de la grandeur, qu'on croira en auoir besoin. On peut aussi se seruir d'vn poinson coupé en deux, y faire vn trou en bas pour y approprier le col de l'instrument de cuiure, & faut que cette cuue soit posée sur vn sousbassement de hauteur proportionnée au Fourneau qui contient la boule, la cuue doit seulement estre couuerte auec des planches proches les vnes des autres : on peut en cette façon faire toutes ebullitions & euaporations la dedans proprement, comme dans les Vaisseaux de metal.

La façon de faire & accommoder vn bain d'vne chaleur continuelle & esgale, si long temps qu'on voudra, soit que lesdits bains se fassent d'eau commune, où d'eaux mineralisées, tres propres à se baigner dedans pour la santé.

IL faut faire faire vne cuue de bois longuette, afin qu'vne personne estant assise dedans s'y puisse bien estandre, la mettre sur vn soubassement de hauteur, pour le Fourneau, ainsi qu'il a esté dit cy deuant, & faut qu'il y ait vn couuercle dessus, & qu'il soit troué pour passer la teste du malade dehors, comme le tout se peut voir dans la figure qui est au commancement de ce liure, ou bien mettre seulement si on veut, des bastons en trauers pour appuier des couuertures & linseuls, pour conseruer la chaleur, principalement lors que le bain n'est fait que d'eaux douces & communes, oú l'on peut encore y faire accommoder vn couuercle conuexe qui soit bien iuste pour y tenir la teste dedans ou de hors, lors qu'on s'en voudra seruir d'estuue seiche ou vaporeuse pour y faire suer les malades, comme le fait voir la figure.

Comment on se seruira des Vaisseaux susdits soit pour distiler, cuire ou baigner. Et premierement l'vsage du Vaisseau à distiller.

QVand on veut distiler dans le Vaisseau marqué, 1. Les esprits ardents des choses Vegetables, comme du Vin, Hydromel, Bierre, ou Lie des bras, du Grain, de la Farine & des Fruits, comme des Pommes, Poires, Cerises, Figues, Prunes, &c. des Fleurs, Semences, Herbes, Racines, &c. Il faut au preallable preparer & rendre ces choses propres pour estre distillées, afin qu'elles puissent donner leurs esprits en la distilation. C'est pourquoy ie diray quelque chose de la preparation de chaque sorte, afin qu'on puisse y proceder comme il faut, car si on ne sçauoit pas la façon d'accommoder toutes ces sortes de choses chacun en son particulier selon sa classe, on retireroit peu de profit & de satisfaction de sa peine & de son trauail, & premierement.

La preparation de toutes sortes de Lies, soit de Vin, Bierre, Hydromel, ou autres sortes de breuuages.

LA lie ou le sediment du Vin ou de la Bierre, de l'Hydromel, ou de quelqu'autre boisson n'a point besoin d'autre preparation auant que de la distiller; mais on la peut distiller ainsi qu'elle se trouue dans le tonneau; si ce n'estoit qu'elle fut priuée de toute humidité & qu'elle fut tropt espaisse, alors il y faudroit adjouster de l'eau commune, & les bien agiter ensemble, afin d'en mieux desunir les parties, & qu'elle ne s'attache pas au fonds du Vaisseau faute d'humidité suffisante, & ainsi elle se bruleroit & feroit auoir mauuais odeur a l'esprit qui en sortiroit: mais les fleurs les herbes, les racines, semences, & toutes les sortes de fruits, ne peuuent estre distillés sans vne preparation precedente, si on en veut tirer les esprits ardents; mais il les faut rendre propres a cét effect, ce qui ce pratique ainsi.

Comment il faut preparer toutes sortes de grains, comme seigle, orge, auoine, bled, &c. affin d'en pouuoir tirer l'esprit ardent par la distilation.

IL faut premierement reduire le grain en bras (qui est l'humecter le faire germer & seicher) comme quand on veut faire de la bierre, or acause que cette façon de faire le bras, ou grain germé, est presque connuë a tous, il n'est pas necessaire d'en escrire beaucoup : Car c'est vne chose commune en tous les pays froids ou il ne croit point de Vin, que la plus grande partie des bourgeois, & paysans ont vne Brasserie chez eux, & font de la bierre pour leur prouision, si-bien que ce n'est pas vn secret de faire des bras; neantmoins il faut obseruer qu'il y-a vne grande difference, entre les faiseurs de bras ignorants & sçauants, car tous ceux qui boiuent bien le Vin, ne sçauent pas labourer la Vigne; & la plus-part du monde s'imagine, qu'il suffit de faire comme on a veu faire aux autres & qu'il ne peuuent que bien faire, pourueu qu'ils suiuent leurs anciens predécesseurs, sans vouloir rien apprendre de mieux. C'est pourquoy il est necessaire d'apprendre la difference qu'il y a a faire les bras, Il faut que ie confessa que ie n'ay iamais esté faiseur de bras, brasseur de bierre, n'y distilateur d'eau de vie, que ie ne le suis point encore, si est-ce que s'il y auoit vne bonne gageure a gagner, que ie ne craindrois point d'estres surmonté du meilleur Brasseur, n'y du plus adroit faiseur d'eau de vie. Car ie me suis estonné plusieurs fois, & m'en estonne encore presentement de voir la bassesse & stupidité des hommes dans leurs besongne, & particuliérement de ce qu'il ne meditent & ne pensent aucunement à ce qui leur passe iournellement par les mains, & quoy qu'ils vescussent cent ans, si est-ce qu'ils ne chercheroient pas les moyens de perfectionner leur besogne, n'y quelque secret pour melioter & faire plus adroitement leur mestier, au contraire, ils se contentent simplement de ce qu'il ont sceu d'abord en leur ieunesse, ou de ce qu'ils ont veu faire a leurs predecesseurs. O qu'elle sorte de bassesse regne a present! car personne ne fait bien, ny ne tend a inuenter quelque chose de mieux, & encores moins a perfectionner ce qui est des-ja trouué & inuenté. Mais pour ce qui est de faire mal & de tromper il ny a personne qui ny pense iour & nuit, & qui ne veuïlle deuenir Maistre, personne ne songe plus qu'a se faire riche, soit par moyen legitimes ou illegetimes, auec honneur, ou sans honneur, il n'est que d'en auoir, n'importe de quel costé il vienne; & ces gens-la ne songent, & ne meditent pas que les biens mal acquis ne prennent pas racine, & que la

troisiesme

troisiesme generation n'en iouïra pas, quoy qu'elle vienne à l'heriter, & encore ce qui est de pis, qu'apres tout cela il y a encore la damnation eternelle, qui les attend pour derniere recompense: & ie vous prie considerez ce que nous ferions à present, si nos Ancestres & anciens Maistres, en auoient ainsi vsé, & qu'ils n'eussent pas pris la peine de nous laisser par escrit leurs belles & sçauantes inuentions, que sçaurions-nous? ou que pourrions-nous faire? puis qu'à present on en est venu là que toutes les bonnes choses s'auilissent, & que les mauuaises s'augmentent iournellement.

De la difference de faire les Bras.

IL n'y a que la diuerse preparation des bras, qui cause qu'on en puisse faire vne bonne biere, ou de bon goust, ou de la mauuaise, comme aussi vne bonne, ou mauuaise eau de vie; car si on les fait simplement à la façon commune, ils gardent encore leur goust, & ainsi il est impossible, qu'on en puisse tirer vn esprit bien agreable, ny aussi vne bonne biere, & neantmoins voila où peu de gens prennent garde. Car tel goust qu'aura le grain apres sa preparation, tel l'aura l'esprit tout pareil apres la distillation: & la seule cause pourquoy on n'en tire pas vn esprit agreable, vient de la faute, ou du brasseur, ou du faiseur d'eau de vie, & non pas du grain: parce que si on y procede comme il faut, & selon l'art, soit à les bien fermenter, distiller & rectifier, le grain ne manquera pas de donner vn esprit tres-agreable, qui ne cedera que fort peu, ou point du tout en force, vertu, odeur, & goust, à celui qui se tire de la lie du Vin ; & ne faut pas croire ny conclure que cela ne se puisse faire, parce que tous n'en ont pas la connoissance ny l'adresse & la pratique. Et ne dis pas que ce soit par le moyen commun que i'enseigne ici qu'on le puisse rendre tel qu'il soit semblable en goust, odeur, subtilité & vertu à l'esprit de Vin, car il y faut proceder encore beaucoup plus subtilement, & plus ingenieusement.

Or il faut sçauoir qu'on peut tirer vn esprit ardent de toutes choses vegetables : mais il y a pourtant vne certaine difference d'odeur, & de goust, qui ne procede pas de la faute de l'esprit, mais qui vient de l'herbe, de la semence, du grain, ou d'autres choses, desquelles on peut tirer cet esprit ardent, qui a partagé auec le corps dont il a esté tiré, son goust, odeur, & sa vertu, en sorte qu'il a deux natures en soy : mais s'il est bien rectifié & priué de tout flegme, il sera pareil en vertu & efficace à l'esprit de vin : de quelque simple qu'on le puisse auoir tiré, encore que cela soit connu de tres peu de personnes, & encore moins creu. Ie ne nie pas pourtant qu'vn simple ne puisse donner vn esprit plus ou moins agreable, que l'autre, quand il est fait selon la methode commune, car tant plus vn vin est agreable à l'odeur & au goust, tant plus aussi est excellent l'esprit qui s'en tire; mesmes il se tire vn meilleur esprit & plus agreable du vin clair, que de sa propre lie, quoy que tous deux soient dans vn mesme tonneau; la cause de cette difference n'est autre, sinon que le vin clair n'a aucune heterogenité en soy, ce qui fait qu'il donne vn esprit plus delicat: mais au contraire, la lie a grande quantité d'impuretez & de corps estranges meslez parmy, qui y demeurent en cueillant les raisins, & en pressant le vin, qui font que l'esprit acquiert quelque odeur & goust estrange, quoy que de soy mesme il soit tousiours bon & esgal. Si bien qu'on peut tousiours raisonnablement faire plus de cas d'vn esprit tiré d'vn vin *pur* & clair, parce qu'il est simple, que de celuy qui est tiré de la lie, de laquelle il est auily accidentellement. Il en faut entendre de mesme des esprits ardents de tous les autres Vegetaux: i'ay voulu y mettre cecy en passant, parceque plusieurs se persuadent ne pouuoir aussi bien faire leurs operations auec l'esprit de grain, qu'auec l'esprit de vin: & neantmoins i'ay tousiours fait toutes mes operations, soit en l'extraction & digestion des metaux, mineraux, ou vegetaux, sans y auoir trouué aucune difference. Voila ce qui est de ma pensée & de mon experience, que ceux qui ne le voudront pas croire, ou qui ne le pourront comprendre, s'arrestent à la leur. Ce n'est pas mon dessein de disputer dauantage de cela auec eux. Si ie ne faisois tort à personne, & qu'il fust bien necessaire, ie pourrois icy enseigner en peu de mots, le moyen de tirer vn esprit ardent de toutes sortes de grains, aussi bon & aussi agreable que celuy qui se tire de la lie de vin, sans en faire de bras, ni les moudre, & sans aucune autre preparation precedente, & sans frais, auec grand profit & vtilité, mais ie n'en diray rien à present, & le laisseray pour vne autre fois. Car ce Liure n'est que pour monstrer vne façon particuliere de distiller, & non pas pour manifester tous les secrets de l'art. Cecy neantmoins est digne d'estre sceu, à sçauoir que lors qu'on veut tirer vn esprit ardent agreable du grain ou du miel, qui soit esgal à l'esprit de vin, qu'il faut premierement faire les bras du grain, d'vne façon particuliere, & aussi oster le goust desagreable du miel, auparauant que de les auoir rendus propres à estre distillez par la fermentation. Que si cela n'a pas esté fait, il est impossible d'en pouuoir tirer vn esprit pareil à celuy du vin, mais on en tire seulement vn esprit desagreable, comme on le tire ordinairement des bras communs, c'est pourquoy il est tres-constant qu'on peut meliorer les choses par vne bonne façon d'agir, au lieu qu'on les rend pires par vn moyen contraire, & par l'inhabilité; cecy n'ayant esté dit que pour y faire mieux penser.

La façon de mettre les bras en fermentation.

IL faut prendre autant de bras moulus grossierement, que vous auez dessein d'en distiller, & mettre cela dans vn tonneau assis sur vn fonds, & ouuert par le haut, puis il faut verser dessus autant d'eau froide qu'il est necessaire pour bien mesler, & delayer la farine en boüilie, sans qu'il en reste aucun grumeau, alors il y faut mesler autant d'eau chaude, que le tout deuienne tiede, & soit bien clair, apres quoy il faut y adiouster vne quantité suffisante de iets de biere nouuelle, ou de leuain, & couurir le tonneau en suite auec quelque couuerture, & le laisser ainsi chaudement, & on verra que cela s'esleuera en peu de temps, & montera; c'est pourquoy il ne faut pas que le tonneau soit tout plein: & le faut laisser agir, iusqu'à ce que cela s'abbaisse de soy-mesme, & ne monte plus du tout, & lors il sera prest & propre pour estre distillé. Ce qui arriue ordinairement enuiron le troisiesme iour.

La façon de mettre le miel en fermentation.

IL ne faut point d'adresse particuliere pour mettre le miel en fermentation, il ne faut que le mesler auec 6. 7. 8. ou 10. fois autant d'eau chaude, puis y adiouster les iets, ou leuain, pour le faire fermenter, & quand il est abbaissé, & qu'il ne s'esleue plus, il est propre à distiller pour en tirer l'esprit. N.B. Mais il faut remarquer que si la liqueur du miel est trop épaisse & grasse, qu'il est bien deux, & trois semaines, voire iusqu'à vn mois, auant qu'estre propre à estre distillé ; c'est pourquoy il faut obseruer d'y mettre beaucoup d'eau, afin que la fermentation s'acheue plustost, & quoy qu'il donne beaucoup d'esprit, ie ne conseille pas neantmoins à ceux qui n'ont pas le secret d'oster le goust desagreable du miel, de s'y amuser, parce qu'ils n'en profiteroient pas beaucoup.

De la preparation des fruits, semences, fleurs, herbes, racines, & autres choses Vegetables pour en tirer l'esprit ardent.

IL faut escacher dans vn tonneau les fruicts & bayes, auec vn pilon de bois, puis y mesler de l'eau chaude suffisamment, & y adiouster des iets, ou du leuain, comme il a esté dit cy-dessus des autres choses : puis les laisser chaudement en fermentation, iusqu'à ce qu'ils soient bien rassis, & lors ils sont propres à distiller. Les fruicts & bayes sont les pommes, poires, figues, cerises, prunes, meures, meures sauuages, framboises bayes de geneurier, grains de sureau, & d'hieble, & autres fruits semblables. Pour les semences il les faut moudre, les herbes, fleurs, & racines, il les faut decouper bien menu, puis proceder comme il a esté dit cy dessus.

Aduertissement.

IL est necessaire de bien prendre garde, que quand on a preparé quelque chose des susdires, pour les distiller, si la chose qui a esté mise en fermentation, s'est bien esleuée, & si l'operation a esté bien faite; car il peut arriuer qu'on y aura manqué, ou par negligence, ou par ignorance. Comme si on y auoit mis l'eau trop chaude ou trop froide, ou bien qu'on n'eust pas bien couuert le tonneau, & que l'air froid y fust entré, qui ait empesché la fermentation, laquelle neantmoins est le seul moyen pour deslier l'esprit ardent des corps des Vegetaux, & sans laquelle on n'en peut rien tirer. Il y a aussi quelquesfois d'autres empeschemens, comme si on commence à distiller trop tost, ou trop tard; Car si on veut distiller auant que la fermentation soit acheuée, on tirera peu d'esprit, & ainsi on donne le meilleur aux pourceaux, ausquels on la fait manger, lors que c'est du grain qu'on tire l'esprit; neantmoins on ne perd pas tout, puis que les pourceaux s'en engraissent: mais c'est manque de connoissance & d'exercice aux distillateurs; car si c'est autre chose que du grain, on le iette, & ainsi le meilleur est perdu. De mesme aussi si on laisse là trop long temps ce qu'on aura fermenté, & qu'il s'aigrisse (ce qui arriue fort souuent) comme quand on laisse la fermentation des herbes, fleurs, semences, ou fruits, trois semaines, ou vn mois sans la distiller, qui est vne grande ignorance, la plus part de l'esprit se change, & deuient aigre quoy que tout ne seroit pas perdu, si ces artistes inexperts, sçauoient le moyen de clarifier le reste & de l'acheuer d'aigrir, puis que le vinaigre des plantes & autres choses semblables n'est pas à reietter. Et par ce manquement on ietto pour l'ordinaire la meilleure partie, ou on la laisse perdre par negligence: Ce qui est encore plus à regretter, lors que cela arriue en la distillation des choses cheres, comme les semences de grand prix, & les aromats, comme canelle, giroffles, & aussi les plantes rares. C'est pourquoy i'ay voulu donner cet aduertissement, afin qu'on y pense plus exactement, & que si on ne s'y veut pas peiner, qu'on aille seulement à l'escole chez les simples Païsans, & on y apprendra comme il faut distiller les esprits, car ces bonnes gens n'attendent pas que leurs fermentations de grain, ou d'autre chose, soient aigres ou moisies pour les distiller; mais ils les prennent en leur vray temps, qui est pour l'ordinaire le troisiesme ou quatriesme iour, à sçauoir aussi tost qu'elles s'abbaissent & n'agissent plus. Mais on pourroit m'obiecter & dire, que meslant des iets de biere, ou de leuain pour faciliter & aduancer la fermentation des plantes, & d'autres choses, que l'esprit de ces matieres se meslera parmy l'autre, & qu'ainsi on n'aura pas le vray & pur esprit des plantes &c. Mais que ces gens sçachent qu'on ne met pas tant de iets ou de leuain que cela puisse nuire à l'esprit; car on ne mesle ordinairement que quelques cueillerées de ferment ou de iets parmy vn tonneau de liqueur fermentable ; or cette petite quantité ne peut auoir en ſoy que quelques gouttes d'eſprit, qui aſſeurément ne peuuent eſtre perceptibles parmy pluſieurs pintes d'eſprit qui ſe tirent du tout qui a eſté fermenté, ce qui n'y peut nuire. I'en ay veu qui penſans ſçauoir plus que les autres, & ne voulans pas meſler du leuain ou des iets pour faire leurs Eſprits, y meſloient du ſuccre ou du miel, pretendans par là auoir vn eſprit plus pur : mais ils ſe ſont bien trompez : car vne cueillerée de ſuccre ou de miel a plus d'eſprit en ſoy eſtant fermenté, que quinze ou vingt cueillerées de leuain ou de iets ; ce que l'experience leur a fait voir, d'autant que leurs matieres ſont demeurées trois ou quatre ſemaines entieres ſans action, ny eleuation, & ainſi ou elles ſe ſont aigries, moiſies, ou du tout corrõpuës & empuanties ; ces gens là deuoient ſçauoir, que le ſuccre ny le miel ne ſe fermentent pas d'eux-meſmes, comment donc feroient-ils fermenter les autres corps ? qu'ils prennent vn leuain propre & conuenable, & ils ne manqueront plus. Il faut neantmoins que ie confeſſe, que quelques fruits portent leur propre ferment naturel, & n'ont pas beſoin de l'artificiel, comme les raiſins, pommes, poires, figues, ceriſes, fraiſes, & tous autres qui ont vn ſuc doux, gras, & viſqueux : mais il en eſt tout autrement des choſes maigres, comme ſemences, herbes, fleurs, ainſi que l'experience le fera voir. C'eſt pourquoy il n'eſt pas ſeulement bon, mais auſſi tres-necessaire, d'aider à la fermentation des herbes, fleurs, & racines, par le moyen du leuain, ou des iets de biere, afin de les ouurir, & les faire plustost leuer, & que leur esprit ne se perde point par la longueur du temps, ou qu'elles ne se corrompent. I'ay voulu mettre tout cecy en faueur de ceux qui aiment & cherchent les bons remedes, ie croy qu'ils le receuront de bon cœur, d'autant que ces sortes d'esprits ardents ne sont pas seulement bons & vtiles appliquez exterieurement, & pris interieurement en plusieurs maladies froides, comme leur vsage le fera connoistre, principalement ceux qui se tirent des plantes cordiales, & qui ont la vertu cephalique: Mais ils sont aussi excellents en plusieurs grandes & importantes maladies, pris ainsi tous seuls, ou bien meslant & conioignant leurs propres huiles distillées auec, asseurant que ceux qui s'en seruiront en verront des effects tres-particuliers, auec profit pour les malades & grand honneur pour eux.

Voila ce que i'ay creu deuoir dire pour la preparation des choses vegetables, desquelles on peut tirer vn esprit ardent. Il faut faire suiure la façon de distiller.

La façon de distiller en general.

QVand on veut distiller, il faut auparauant bien remuer la matiere fermentée, afin que ce qui est espais en bas, se mesle auec le clair qui est au dessus, puis en puiser auec vn ſeau, & emplir le tonneau dans lequel on diſtillera, auquel il faut auoir ioint l'inſtrument de cuiure, approprié dans ſon petit fourneau, & faut auſſi bien ioindre le canal qui ſort du tonneau auec l'autre qui eſt au tonneau qui ſert de refrigeratoire, & faut luter les iointures, auec de la veſſie moüillée, ou ſeulement auec du papier & de la colle, afin que les eſprits ne puiſſent s'euaporer : & faut mettre vn petit panier au deuant du trou de l'inſtrument de cuiure, afin qu'il n'y puiſſe rien entrer de groſſier, mais que le plus clair ſe coule à trauers du panier, & ainſi entre tout clair dans ledit inſtrument; faut auſſi bien refermer le trou d'enhaut du tonneau auec ſon morceau de bois approprié à cet effect, entortillé de linge moüillé. Apres donc que tout cela eſt bien exactement obſerué, il faut mettre le feu dans le petit fourneau ſous la boule de cuiure, & le continuer tant qu'il faſſe boüillir ce qui eſt dans le tonneau par la communication de la chaleur; lors les eſprits s'éleuent & paſſent par le canal, puis ils ſe refroidiſſent dans le canal de l'autre tonneau qui ſert de refrigere, & eſtant condenſez couleront dans le recipient, qui eſt appoſé pour le receuoir : & faut continuer ainſi, iuſqu'à ce que ce qui diſtillera n'ait plus de gouſt de l'eau de vie, ce qu'on pourra connoiſtre à gouſter à diuerſes fois ce qui en ſort. Et quand on a reconnu qu'il n'en ſort plus rien de ſpiritueux, il faut laiſſer eſteindre le feu du petit fourneau, & en ſuite vuider le tonneau des herbes, ou de l'autre matiere qui y ſera reſtée, par le trou destiné à cela ; pour s'en seruir aux vsages à quoy elles peuuent estre appropriées, ou bien la donner au bestail à manger, si on ne sçait pas s'en seruir à de meilleurs & plus profitables emplois. On peut rectifier l'esprit qui sera monté dans le mesme vaisseau, parce qu'il est foible, & l'exalter à tel degré de perfection qu'on voudra, & faut remarquer qu'il reste pour l'ordinaire vne huile legere & subtile au dessus du flegme insipide, qui n'est point montée auec l'esprit, comme la premiere fois, à cause que la chaleur de la rectification est plus moderée. Cette huile a aussi des vertus tres-particulieres, & principalement si on la clarifie & rectifie auec l'esprit de sel au Bain Marie. On tire ordinairement de toutes plantes, fleurs, semences, ou fruicts, vne telle huile, des vns plus, des autres moins, selon que ces simples sont de nature plus ou moins chaude. Et particulierement la lie du vin donne vne assez bonne quantité de cette huile, qui n'est point à reietter en medecine : car c'est vne vraye huile de vin ; mais elle n'a point son goust agreable, qu'apres la rectification, c'est vn tres bon & precieux cordial, qui n'a point encore esté remarqué iusques icy, ou de fort peu de personnes. Voila donc comment il faut distiller generalement toutes sortes d'esprits ardents dans nos vaisseaux de bois, suit maintenant,

Comment il faut faire les huiles, ou essences distillées, des aromats, semences, fleurs, herbes, racines, bois, & autres choses semblables.

IL faut premierement moudre les semences, hacher & couper menu les fleurs, herbes ou racines, raper ou tourner les bois, puis les mettre dans vne quantité suffisante d'eau, en sorte que la matiere nage dedans, & s'y puisse bien macerer: afin aussi qu'il y demeure encore de l'humidité suffisamment. Apres la distillation acheuée, & que manque d'eau elle ne se brusle, & qu'ainsi on ne tire vne huile mauuaise & empyreumatique, au lieu d'vne huile agreable, & bien odorante; il ne faut pas aussi y mettre trop d'eau: mais il faut seulement qu'il y en ait assez pour les empescher de brusler. On peut distiller les herbes, fleurs, semences, fruits & racines recentes & vertes, sans maceration precedente: mais il faut les macerer quelques iours quand elles sont seiches, & faut que l'eau que l'on met sur les especes seiches, soit bien sallée, afin qu'elles s'amollissent mieux & que l'eau les penetre mieux. Elles donnent aussi mieux & plus facilement leur huile en la distillation. Pour les especes vertes & recentes, il n'est pas necessaire d'y en mettre, quoy que neantmoins elle n'y nuiroit point, au contraire, l'eau s'en eschaufferoit mieux, & ainsi l'huile s'en tireroit plus facilement, si on y y mesle du tartre, ou de l'alun, cela fait aussi fort bien, & auancer beaucoup quand on s'en sçait bien seruir. Apres que les especes seiches sont suffisamment imbuës, macerées & penetrées de cette eau salée, il faut les mettre auec vn entonnoir dans le tonneau à distiller, & mettre du feu sous le globe de cuiure, & en tirer l'huile, comme il a esté dit cy dessus en parlant des esprits ardents, l'huile monte auec l'eau, & bien qu'il en monte beaucoup dauantage auec le sel, qu'autrement auec l'eau simple, si est-ce qu'il y en demeure encore beaucoup, qui n'a peu estre deliée de son corps par cette façon, quoy que tousiours iusques icy l'on ait fait les huiles des aromats de cette maniere; c'est pourquoy le meilleur moyen de faire ces huiles des choses cheres, c'est celuy que i'ay enseigné dans la premiere Partie, à sçauoir auec l'esprit de sel, neantmoins chacun pourra choisir la methode qui luy agreéra le plus, & trauailler comme bon luy semblera. Or quand la distillation est acheuée, & qu'il ne monte plus d'huile (ce qui se remarque en changeant de recipient) il faut laisser esteindre le feu, puis tirer hors du vaisseau la matiere, soit bois, herbe, fleur, ou semence, & estant encore chaude la mettre en fermentation auec du leuain, ou des iets, mais elle ne donnera pas tant d'esprit à beaucoup prés, que si on n'en auoit pas tiré l'huile, car chaque esprit ardent a beaucoup d'huile auec soy, de la nature & essence de laquelle nous traitterons plus amplement vne autre fois. Il faut sçauoir que lors qu'on veut tirer l'esprit d'vn vegetable, apres en auoir tiré l'huile, il ne faut pas qu'il y ait eu du sel meslé auec, parce qu'il empesche la fermentation, sans laquelle on ne peut faire aucun esprit ardent. Il faut mettre le recipient où est l'eau & l'huile en vn lieu vn peu chaud, & l'y laisser reposer, iusqu'a ce que toute l'huile soit montée en haut, ou rassise au fond (car il y a quelques huiles qui vont en bas) puis les separer par le verre separatoire, de la forme que nous l'enseignerons en la cinquiesme Partie, puis les garder à leurs vsages: on trouuera aussi en la cinquiesme Partie le moyen de garder ces huiles long-temps sans s'espaissir, claires & belles; & dans la premiere Partie le moyen de les remettre en leur premier estat par la rectification. C'est pourquoy ie n'en diray pas dauantage.

Le moyen de coaguler les huiles distillées en baumes.

C'Est vne chose connuë il y a long-temps, que de mettre les huiles en baumes, & mesmes est passée en coustume, de sorte que chacun a taiché d'y mieux reüssir que son compagnon: mais on n'a encore rien fait qui vaille iusqu'icy, car ce qu'on a fait n'est qu'vne vraye onguenterie & vilenie: d'autant que ces baumes n'ont peu seruir dans le corps humain, & n'ont esté propres qu'à l'odorat pour fortifier le cœur ou le cerueau. Il y a diuerses sortes de ces huiles espaissies & endurcies, que l'on porte sur soy dans des petites boëttes tournées d'estain, d'argent, ou yuoire, car quelques-vns ont seulement fondu ces huiles auec de la graisse d'agneau, & de cela en ont fait vn onguent, qu'ils ont coloré de diuerses couleurs, comme le baume des herbes vertes, de marjolaine, lauende, ruë, romarin, sauge, & autres semblables; ils l'ont coloré auec du verdegris, qui est vn vray poison au cœur, & & au cerueau, en sorte que le bien qui se pouuoit tirer de l'huile estoit osté par le verdegris. Les baumes de bois de roses, & de canelle, reçoiuēt leur couleur du cinabre, qui est vn mercure venimeux. D'autres qui y ont mieux pensé, ont coloré leurs baumes auec des couleurs extraites des plantes, ces baumes de vray ont esté meilleurs, & de meilleur vsage: neantmoins ils ne se conseruoient pas long-temps, mais deuenoient gluants & rances. Ce qui a fait que d'autres ont pris la cire blanche pour faire le corps de leurs baumes, ce qui les a conseruez plus long-temps, & ne deuenant pas si tost rances, neantmoins ils se gastoient aussi auec le temps, & quand on les vouloit mettre sur la main, ils ne penetroient plus, mais se grumeloient à cause de la cire; à la fin ils ont creu auoir mieux rencontré, & ont fait le corps de leurs baumes auec de l'huile de noix, muscade pressée, priuée de son odeur & de sa couleur, auec de l'esprit de vin, & ont appellé ce corps blanc, la mere des baumes. Les Apotiquaires ont

ont tenu cette façon de faire secrette tres-long-temps, à la fin elle est deuenuë commune, & les baumes se trouuent à present faits de cette façon presqu'en toutes les boutiques: ce dernier est de vray le meilleur de tous, si est-ce qu'il n'est pas encore perdurable, parce qu'il n'y a point de sel, & ainsi il est deuenu à la fin de mauuaise & desagreable odeur. Ie ne les mesprise pas pourtant, car s'ils auoient sceu mieux faire, ils l'auroient fait, nul ne peut donner plus qu'il ne possede, ny faire plus qu'il ne peut, cela est defendu à tous les hommes. C'est pourquoy ie ne condamne ny ceux qui les ont faits auec la graisse d'agneau, ou auec la cire, ny ceux qui ont employé le corps de l'huile muscate. Au contraire, ie les louë, puis qu'ils ont donné ce qu'ils auoient, Mais à cause que ces sortes de baumes sont inutiles dans le corps humain, & qu'ils deuiennent gras & rances pour l'application exterieure, il faut faire autrement, & apres y auoir bien meurement pensé, i'ay trouué qu'il falloit coaguler les huiles, auec leurs propres sels fixes, & ainsi non seulement ils ne deuiendront pas rances, ny gras & gluans; mais on pourra aussi les dissoudre, & mesler auec le vin, la biere, l'eau, & autres liqueurs, pour estre pris dans le corps, mais ils sont aussi excellents pour l'vsage exterieur, soit pour l'odorat, ou autrement; car ces baumes ne font pas seulement sentir bon, quand on en a frotté la peau, mais la nettoyent aussi, & la rendent belle, viue & blanche, à cause que les sels fixes qui y sont meslez, tiennent de la nature du sel de tartre. C'est pourquoy on peut mesler ce baume dans de l'eau chaude bien nette & en lauer les cheueux, la teste, & le visage, il ne les nettoyera pas seulement, mais fortifiera aussi le cerueau par son odeur, ce qu'on ne peut faire auec vn baume huilleux. Cela fait voir, que cette façon de les faire est la meilleure de toutes les autres, & qu'elle les surpasse de beaucoup. Ie laisse pourtant à choisir la maniere qui agreera le plus, d'autant que ie sçay bien que toutes les choses nouuelles ne sont pas si facilement receuës, principalement quand elles semblent vn peu estranges, & qu'elles ne peuuent estre si tost comprises, ie ne doute pourtant pas que le temps, qui change tout, ne confirme ce que i'en ay dit.

La façon de faire les Baumes.

IL faut prendre le reste de la distillation qui est demeuré dans le tonneau, apres la distillation de l'esprit ardent, & le presser dans vn sac de toille de chanvre, pour en oster toute l'eau, laquelle peut-estre reduite en tres-bon vinaigre, si on sçait luy donner l'acide, principalement quand on a distillé les roses, il s'en peut faire vn bon & agreable vinaigre, duquel on se peut tres-bien seruir en la cuisine & en la medecine. Ostez ce qui sera resté dans le sac, & le mettez dans vn pot de terre non vernissé, qu'il faut mettre calciner iusques à la blancheur dans vn four à potier : puis versez dessus le flegme qu'on a separé de l'esprit ardent en le rectifiant, puis filtrez & euaporez iusqu'à pellicule dans vn pot de terre vernissée, & continuez ainsi, iusques à ce qu'on en ait separé tout le sel : En suite il faut faire rougir ce sel tout doucement dans vn creuset, & sur tout empescher qu'il ne se fonde point, ainsi il deuiendra tout blanc, & aura le goust de sel de tartre sur la langue, & faut verser sur ce sel son propre esprit ardent, & le retirer au bain, puis à toutes les fois il faut faire rougir le sel au creuset, sans fusion ; de cette sorte l'esprit ardent deuiendra si fort par le moyen de son propre sel fixe, que si on le verse sur sa propre huile, il se mesle aussi tost auec, inseparablement, sans qu'on y puisse connoistre aucune difference, & demeure clair comme auparauant, quand cela est fait, il faut faire rougir encore vne fois le sel fixe dans le creuset, & verser auec autant de son propre flegme, qu'il en faut pour le dissoudre & pour le coaguler auec son huile, il faut mettre ce meslange de sel de flegme, d'esprit ardent & d'huile, dans vn matras à long col, qu'il faut boucher bien exactement, & le mettre digerer au bain, puis augmenter le feu, & les faire bouillir ensemble, prenant sur tout garde que le vaisseau soit bien bouché, afin que l'esprit ardent ne s'euapore pas, dans peu d'heures toutes les matieres se mesleront & s'vniront ensemble, & deuiendront vne substance blanche comme laict. Quand cela est ainsi, il faut quitter le feu, & laisser refroidir le vaisseau.

Car lors l'esprit, le sel & l'huile sont ioints ensemble, en sorte qu'on n'en peut reconnoistre aucun de separé, il faut verser ce baume dans vne phiole d'emboucheure large, qui est tousiours comme vn onguent blanc comme neige, qui se dissout dans les eaux, & autres liqueurs, & qui s'estend en oignant comme vn onguent, qui sent tres-bon, & duquel on se peut seruir dans le corps fort conuenablement, comme aussi en frotter les parties exterieures, tant pour les faire sentir bon, que pour blanchir & adoucir la peau, ce qui est vn baume tres-precieux pour les Dames & pour les grands Seigneurs; ainsi les trois principes du vegetable sont ioints ensemble, apres auoir esté auparauant separez d'vn seul & mesme corps, bien purifiez, & remis ensemble par l'adresse de l'art, pour composer ce baume parfait. N. B. Que si on veut donner vne couleur au baume, on n'aura qu'à extraire la couleur qu'on luy veut donner, auec l'esprit ardent de quelque vegetable, & en suite les faire coaguler ensemble. De cette façon on peut faire les baumes odorans & solubles de toutes les fleurs, herbes, semences, & autres vegetables semblables, qui ont en eux l'esprit ardent, l'huile & le sel, sans y adiouster rien d'heterogene, lesquels, comme ie me le persuade, ne sont pas à reietter. Mais à cause que nous auons icy enseigné de faire vn excellent baume & bien odorant des roses, & que neantmoins les roses donnent tres-peu d'huile, sans laquelle pourtant on ne peut faire le baume ; il faut sçauoir que de vray les feüilles de roses donnent tres peu ou point du tout d'huile ; mais que pour auoir cette huile en plus grande quantité, il ne faut pas seulement employer les feüilles, il faut aussi y laisser le bouton où les feüilles sont attachées ; car ce qu'il y a de jaune en ce bouton contient l'huile, & non pas les feüilles, c'est pourquoy il ne les faut pas ietter, quand on veut en tirer l'huile, cecy soit dit de ma preparation des baumes desquels ie fais grand cas, pourueu qu'ils soient bien preparez, & ne méprise pourtant pas les autres, parce qu'il n'y a point de sel. Que si quelqu'autre a quelque chose de meilleur qu'il le produise, & ne murmure point, auant qu'il ait acquis la connoissance du trauail, & des mysteres de la Nature.

Il suffit d'auoir enseigné par vn seul exemple la methode de faire tous les baumes des vegetaux, par le meslange de leur esprit ardent, tiré par le moyen des vaisseaux de bois, comme aussi leur huile, en y adioustant leur propre sel. I'aurois bien peu dire quelque chose des vertus & proprietez tant de l'esprit ardent, que des huiles distillées qui sentent bon ; mais parce qu'il y en a beaucoup d'autres qui en ont traité fort amplement, i'ay creu inutile de m'estendre là dessus, & me suis seulement contenté d'vn exemple de chacun, pour dresser l'artiste curieux en la preparation de tous les autres. C'est pourquoy on y aura recours, quand on en aura besoin.

L'vsage du second vaisseau de bois, duquel on se peut seruir au lieu de ceux de cuiure, d'estain, ou de plomb, tant pour y mettre des cucurbites, & distiller, que pour digerer, extraire, & fixer.

QVand donc le vaisseau est preparé & accommodé, cõme nous l'auons dit cy-deuant, il n'y a plus rien à faire, sinon d'y approprier le petit fourneau auec l'instrument, & eschauffer l'eau auec iceluy, autant qu'on le iugera necessaire à son operation, regissant le feu par degrez ; Ainsi on pourra faire en ce vaisseau tout ce qui se peut faire dans tout autre bain marie, & n'y a point d'autre difference, sinon qu'il est de bois, & les autres de metal, c'est pourquoy il n'est pas necessaire d'enseigner plus au long ce qu'on y peut faire, puis qu'il n'y a rien de plus commun que la façon de distiller par le bain aqueux, nous finirons donc icy l'vsage du petit instrument, de son fourneau, & des vaisseaux de bois. I'ay creu pourtant qu'il estoit necessaire d'apprendre le moyen de faire dans ce vaisseau quelques extraicts inconnus & tres vtiles en Medecine, qui produiront de tres-bons & salubres effects en plusieurs maladies, pourueu qu'ils soient bien preparez. Et premierement,

Vn extraict vomitif.

PRens deux onces de tartre purifié, vne once de fleurs d'antimoine, six onces de succre candy blanc, & deux liures d'eau de pluye bien pure & claire, mets tout cela dans vn matras bien fort, & le mets digerer au bain, & l'y laisse boüillir quelque temps comme 10. ou 12. heures, puis laisse refroidir le bain, & en retire le matras, puis verse ce qui est dedans dans vn entonnoir garni d'vn papier à filtrer, & fay couler la liqueur, qui sera vn peu rougeastre, & n'aura point d'autre goust que comme vne eau succrée, meslée d'vn peu d'acidité, il faut ietter ce qui reste dedans le papier, comme inutile, puis verser la liqueur dans vne petite cucurbite de verre, fais euaporer l'humidité à la lente chaleur du bain, il te restera au fonds du vaisseau vn sirop espais comme miel & brun; mets-le dans vn matras à long col, & verse dessus vne liure du meilleur esprit de vin, mets le matras au bain, & l'y tiens à extraire 12. ou 15. heures durant, à vne chaleur moyenne, il se fait derechef vne separation; Car l'esprit de vin se charge du meilleur de l'extraict, & il tombe au fonds encore beaucoup de feces, qu'il faut separer par vne filtration à trauers vn double papier gris, apres que le tout aura esté auparauant refroidi; ce qui en sort est vne teinture belle, claire & rouge, qu'il faut verser dans vne petite cucurbite de verre, & en retirer presque tout l'esprit à tres-lente chaleur du bain. Et on trouuera au fonds du vaisseau vn sirop agreable, doux & delicieux, il faut le mettre dans vn pot de verre, & le garder comme le plus excellent vomitif qui se trouue, qui est vn thresor precieux dans les grandes maladies, où tous les autres remedes purgatifs ne peuuent rien produire. Car ce remede opere doucement, iusques-là qu'on le peut donner tres seurement aux enfans d'vn an & demy, sans danger ny apprehension, & aussi aux personnes les plus âgées, il tire toutes les serositez malignes du sang & des iointures, ouure les obstructions du foye & de la ratte, du poulmon & des reins, & ainsi guerit plusieurs maladies tres-dangereuses & difficiles à guerir. Bref, ie ne connois aucun remede esgal à cettui-cy entre les vomitifs, d'autant qu'il produit ses effects sans aucun dommage, ny aucun risque, agreablement, viste, & tres-seurement. La dose est depuis 1. 2. 3. 4. iusqu'à 20. ou 30. gouttes dans du vin, ou de la biere, ou bien tout seul, plus ou moins selon l'aage de la personne & la maladie. Il commence son operation dãs vn quart-d'heure, & a acheué en vne heure ou deux, quelquefois il ne fait point vomir du tout, mais purge seulement par bas, à quoy on peut aussi aider si on veut, donnant au malade vn lauement d'eau salée, dedans lequel il y ait deux ou trois cueillerées d'huile d'oliue, puis aussi-tost apres luy faisant prendre le remede; ainsi le clystere ouure le chemin par bas au remede, qui n'opere iamais que tres-peu par haut. Quand on y procede en cette façon ; on peut aussi faire tenir au malade, vne crouste de pain rostie toute chaude deuant le nez & la bouche. Cela empesche aussi le vomissement. Ce seroit pourtant le meilleur de laisser faire le cours de la Nature, dans la liberté de faire agir le remede par où il luy plaira ; parce que le vomissement fait quelquefois mieux que les selles. Neantmoins ces obseruations sont bonnes pour ceux qui ne peuuent souffrir les efforts des vomitifs, quand on se veut purger auec l'essence d'antimoine, que ie tiens pour le plus agreable, le plus seur, & le meilleur purgatif, que i'aye iamais connu, parce qu'il recherche toutes les choses qui nuisent au corps, mieux que pas vn autre purgatif, le nettoye, & le deliure de beaucoup de maladies cachées, ce qui est impossible à tout autre remede purgatif de la famille des vegetaux : Car l'antimoine a cette prerogatiue par dessus tous les autres purgatifs, qu'encore qu'on n'en ait pris qu'en tres-petite dose, il ne laisse aucune mauuaise qualité au corps ; car quoy qu'il ne fasse ny vomir, ny aller à la selle, si est ce qu'il fait tousiours son effect, soit par les vrines, ou par les sueurs, de sorte que l'vsage d'vn antimoine bien preparé, ne va iamais sans profit. Au contraire des autres purgatifs vegetables, qui impriment tousiours & laissent au corps quelque mauuais leuain, qui ne manque pas sa mauuaise action auec le temps ; mais l'antimoine au lieu de faire du mal change le mal en bien, & le pis en mieux, d'où on peut reconnoistre la difference d'vn remede mineral bien preparé, & celuy d'vn vegetable purgatif: car on peut donner ceux-là aux malades en tres petite dose, & sans dégoust ny auersion, au lieu qu'on ne peut donner ceux cy, que par chopines, & auec mauuais goust & grand desagreément: estant asseuré, que les peines que ces grands gobelets pleins de medecines ameres & de mauuaise odeur, causent à l'estomac, nuisent beaucoup plus au malade qu'ils ne luy peuuent apporter de soulagement. Et il seroit à souhaiter, que le temps approchast, voire fust desia venu, qu'on bannist du commerce de la medecine, toute cette vilaine cuisine d'herbages & de lectuaires, & qu'on mit en leur place, les extraits agreables des vegetaux, & les bonnes essences des animaux.

Vn extraict purgatif.

PRens vne liure de racines d'ellebore noir, cueillie en leur vraye saisō & sechées à l'air, ialap, & mechoacan de chacū ℥ iiij. canelle, semence d'anis & de fenoüil, de chacun ℥. j. saffran ʒ. j. mets toutes ces choses en poudre, & les mets dans vne cucurbite de verre bien haute, verse dessus de l'esprit de vin bien deflegmé, & la couure d'vn alambic aueugle, puis la mets digerer à la lente chaleur du bain, iusqu'à ce que l'esprit se soit chargé d'vne belle couleur rouge, retire ton esprit, & en remets de l'autre qu'il faut digerer iusqu'à extraction de couleur, puis l'oster & en remettre, & continuer ainsi, iusqu'à ce que l'esprit ne se colore plus du tout. Ce qui arriue ordinairement en la troisiesme ou quatriesme digestion. Il faut apres cela filtrer toutes les teintures, & en retirer l'esprit à la tres-lente chaleur du bain, iusqu'à la consistance d'vn sirop mielleux, espais, noir, brun, qu'il faut tirer tout chaud de la cucurbite, le verser dans vn pot de verre, & le garder a ses vsages, l'esprit de vin qui en a esté retiré peut seruir encore à de pareilles extractions. On peut donner de cet extraict depuis 3. 6. 9. 12. grains iusqu'à 31 selon l'âge de la personne & l'exigence de la maladie ; on le peut donner dans des confitures, il n'a aucun dégoust, purge tres-doucement, & n'y a aucun danger à craindre, pourueu que la dose ne soit pas trop grande. Que si on veut auoir cet extraict en forme de pillules, il faut y mesler chaudement ℥. j. d'aloës transparent, & ℥. j. de scammonée bien choisie, & reduire le tout en vne masse, qui purgera tres bien toutes les serositéz superfluës du corps ; neantmoins il n'approche que de bien loin de la vertu de l'extrait tiré de l'antimoine. I'ay voulu mettre cecy en faueur de ceux qui apprehendent les vomissemens, ne connoissant point de meilleur extrait, qui se puisse tirer des vegetaux purgatifs.

Vn extrait sudorifique.

PRens bois de sassefras, sassepareille de chacun ℥ vj. gingembre, galanga, zedoaire, de chacun ℥. iij. poiure long, cardamome, cubebes, de chacun ℥. j. canelle, fleurs de muscade, de ℥. j. saffran, noix muscate, & girofles de chacun ʒ. j. Il faut raper le bois, & mettre les aromats en poudre, & proceder en suite, mettant de l'esprit de vin deflegmé dessus, comme nous auons dit cy-deuant en la façon de faire l'extrait purgatif; reduisant ainsi le tout en vn sirop mielleux, espais, en retirant l'esprit de vin de dessus. Il faut bien conseruer cet extrait à ses vsages, car il est excellent en la peste, dans les fieyres, scorbut, lepre, verole, & autres maladies prouenantes de l'impureté du sang, ausquelles la sueur est necessaire. La dose est depuis ℈. j. iusques à ʒ. j. dans des vehicules conuenables. Il prouoque puissamment la sueur, chasse du cœur les vapeurs venimeuses & corrompuës, rectifie & purifie le sang à merueilles. Ce sudorifique vegetable produit suffisamment ses effets, encore n'est-il pas comparable aux esprits subtils des mineraux, desquels nous auons traité dans la seconde Partie. Les sudorifiques des animaux font aussi semblablement beaucoup de bien d'vne façon toute particuliere, comme la chair des viperes, le sel fixe des aragnées, & celuy des crapaux; mais chacun de ces remedes veut estre employé à part, & seul, voulant estre maistre, & ne pouuant souffrir de compagnon. Les remedes sudorifiques mineraux, ne s'accordent pas bien aussi auec les vegetaux, ni auec les animaux, comme le bezoart mineral, l'antimoine diaphoretique, l'or & le mercure diaphoretique: mais chacun veut & doit estre employé en particulier, pour ne point confondre l'operation interieure de l'archée.

Vn extraict diuretique.

PRens des semences de saxifrage, carui, fenoüil, persil, d'ortie, de chacun ℥. iij. racines de reglisse, de bardane, de chacune ℥. j. poudre de cloportes ℥. ß. il faut mettre en poudre les semences & racines, & mettre le tout dans vne cucurbite haute, mais au lieu d'esprit de vin, il y faut verser de l'esprit ardent des bayes de genieure, & acheuer l'extrait selon l'art, puis l'extrait estant acheué, il y faut adiouster ce qui suit, sçauoir des sels de succin, de suye de cheminée, & d'vrine de chacun ℥. j. du nitre deputé ℥. j. il faut pulueriser les sels, puis les bien mesler auec l'extrait, & le garder au besoin. La dose est depuis ℈. j. iusqu'à ʒ. ij. dans de l'eau de fenoüil, de persil, ou quelque autre eau semblable. Cet extrait chasse l'vrine, ouure les vreteres, mondifie & nettoye les reins & la vessie de toute mucosité & glaires, desquels le tartre nuisible & douloureux est coagulé & engendré, mais il s'en faut seruir en temps conuenable & propre; sinon on se peut aussi seruir d'esprit de sel, dans lequel on aura dissout des cailloux ou du crystal, qui n'est pas vn mauuais remede. Les sels essentiels des plantes nephretiques y sont aussi très-conuenables, sçauoir ceux qui se tirent du suc desdites plantes par expression, depuration & cristalisation, & non pas par calcination. La preparation de ces sels ne doit point estre mise en cet endroit, mais nous l'enseignerons cy-apres en son lieu.

Vn extrait somnifere.

PRens de l'opium bien choisi ℥. iiij. esprit de sel ℥ ij. du tartre purifié ℥. j. mets ces trois ingrediens digerer dans vn mattas à la lente chaleur du bain, iour & nuit, afin que l'esprit de sel & le tartre penetrent bien l'opium, qui par ce moyen est tres-bien ouuert, & rendu propre à estre extrait, apres cela il faut verser dessus demie liure du plus excellent esprit de vin, & le mettre extraire à tres-petite chaleur au bain, puis separer cet esprit teint, & y en verser de l'autre, & continuer ainsi d'oster & remettre iusqu'à ce que l'esprit de vin ne se colore plus, puis il faut ioindre toutes ces teintures ensemble apres les auoir filtrées, & y adiouster ʒ. ij. de tres bon saffran, & ʒ j. d'huile de girofle, puis retirer l'esprit au bain dans vne cucurbite de verre, iusqu'à la consistance d'extrait, & ainsi on trouuera au fonds du vaisseau vn extrait noir & espais, qu'il faut mettre dans vn pot de verre, & le garder à ses vsages. La dose est depuis 1. grain iusques à 5. ou 6. grains aux personnes âgées : mais aux enfans il ne leur en faut donner que la sixiesme ou la huictiesme partie d'vn grain ; on le peut donner tres-seurement dans toutes les maladies chaudes, sans aucune apprehension. Il cause vn sommeil doux & agreable ; il appaise les douleurs interieures & exterieures, & fait aussi suër puissamment. Ce remede est particulierement excellent aux maladies des enfans nouueaux nés qui ont quelque espece d'epilepsie, comme quand on leur voit des conuulsions; car aussi tost qu'on leur remarque cela, il ne faut que leur en donner la huitiesme partie d'vn grain dissout dans du vin, ou dans du laict de la mere, aussi tost ils commencent à dormir & reposer doucement, & suënt quant & quant: ce qui purge leurs corps de beaucoup de malignité, & par ce moyen ils se remettent & fortifient, pour en suite pouuoir boire & manger, & de là en auant on ne leur voit plus arriuer ces accidens. Que si neantmoins le mesme mal leur reuenoit quelque temps apres, il leur faut repeter la mesme dose, ainsi on fortifiera leur foiblesse, & on les remettra en train de les esleuer sans peine & sans maladie, autrement ils seroient morts. C'est vn remede souuent experimenté, & duquel ie me suis serui (auec la grace de Dieu) & en ay sauué plusieurs. Les esprits volatils de vitriol, d'alun, d'antimoine & des autres mineraux, sont aussi de tres bons remedes somniferes; ausquels il faut ioindre le soulphre narcotique du vitriol qui s'est precipité de l'esprit volatil. Ie ne connois point de remedes narcotiques ou somniferes, qui selon mon iugement, & mon experience, puissent aller du pair auec les precedents. Nous auons traité de ces derniers dans la seconde Partie.

Vn extrait cordial.

PRens fleurs de roses rouges ℥. iiij. du muguet ℥. ij. fleurs de bourrache, rosmarin, & de sauge, de chacun ℥. j. de la canelle choisie, du bois d'aloës, de chacun ℥. ii. giroffles, fleurs de muscade, noix muscate, galanga, cardamome en gousses de chacun ℥. i. rapure d'yuoire, & de corne de cerf de chacun ℥. i. saffran ʒ. i. noix vomique ʒ. i. corne de cerf vne drachme & demie. Il faut pulueriser toutes ces choses, puis en tirer la teinture auec l'esprit de vin, lequel il faut retirer apres la filtration, & reduire le tout en consistance d'extrait selon l'art & la façon des extraits precedens ; il faut garder cet extrait pour le besoin. On s'en peut seruir vtilement dans toutes les defaillances, & foiblesses du corps, pourueu qu'il n'y ait point de chaleur, la dose est depuis 3. grains iusqu'à 6. 9. mesme iusqu'à ℈ i. dans des liqueurs appropriées. Estant donné souuent, il restaure & restablit les esprits, fortifie le cœur, le cerueau, & les autres membres du corps. Il faut neantmoins que ie confesse que si on y auoit meslé & ioint les essences metalliques, & principalement celle de l'or, on y apperceuroit beaucoup plus de vertu, comme on le trouuera cy dessus, quand i'ay parlé de l'huile douce de l'or, dans la premiere Partie.

Vn extrait odoriferant.

IL n'est pas necessaire de beaucoup écrire, pour apprendre de tirer des vegetaux vn extrait odorant & agreable; parce que nous auons enseigné cy dessus le moyen de tirer & distiller les huiles des herbes, fleurs, & semences odoriferantes, qui est la vraye essence du vegetable, & que l'odeur desdites huiles distillées fortifie le cœur & le cerueau; on peut aussi porter facilement & proprement ces huiles sur soy quand elles ont esté reduites en baumes. C'est pourquoy ie pense qu'il ne se peut faire d'extraits de plantes, qui sentent meilleur que les huiles; si ce n'est qu'on meslast & ioignist la teinture tirée des plantes & des aromats par l'esprit de vin, auec les solutions metalliques par vne longue digestion, lors il se separera de l'extrait vne huile qui sentira tres-bon, qui ne cede nullement à celle qui a esté tirée par distillation, au contraire, on la trouuera plus efficace & plus agreable, parce que la vertu spirituelle du metal s'est communiquée à cette huile, soit des plantes odorantes, ou des aromats, principalement si c'estoit vne solution d'or ou d'argent qu'on aura digerée. On peut encore outre icela exalter l'odeur & la vertu des huiles par le moyen de l'esprit d'vrine ou de sel armoniac, & non seulement les huiles qui auoient desia de l'odeur, mais celles aussi qui n'en auoient que peu ou point du tout; pourueu qu'on les digere auec l'vn desdits esprits, elles acquierent vne odeur tres-agreable, & de plus, on peut reduire les soulphres metalliques & mineraux, en des essences bien agreables, si on les digere long-temps dans ces esprits, qui ouurent & font apperceuoir l'odeur qui estoit cachée dans leur interieur : on exalte les soulphres en odeur & couleur par les esprits vrineux, & par les esprits acides on les purifie; mais on leur change aussi leur couleur & odeur. Le musc & la ciuette acquierent leur forte & agreable senteur par le plus subtil esprit de l'vrine des chats, lequel digere vne liqueur grasse toute particuliere, dont resulte cette matiere qui sent si bon.

Cecy soit dit des extraits. Ie me serois bien passé de les mettre icy, parce qu'il y a des Liures innombrables en toutes langues, remplis de ces descriptions : mais ie ne l'ay fait qu'afin qu'on trouuast aussi quelques remedes dans cette troisiesme Partie, comme on y trouue l'ouuerture des façons de distiller inconnuës iusques icy.

Des Bains.

NOus auons parlé au commencement de ce traité d'vne cuue dans laquelle on se puisse baigner, ou tout le corps auec la teste, ou ayant aussi la teste dehors, dans l'eau commune, ou dans des eaux medecinales & minerales : nous auons aussi parlé d'vn autre bain sans eau, sçauoir par la vapeur de l'eau douce, ou de l'eau medecinale. Quiconque aura besoin de ces bains les pourra faire preparer en sa maison, & par ce moyen guerir de beaucoup de maladies, aussi bien, ou mieux que par les bains des fontaines minerales qui sont chaudes naturellement. Si bien qu'au lieu de conduire les malades si loin auec grande incommodité & grands frais, ils se peuuent faire accommoder & traiter chez eux par leurs parens & amis, sans s'esloigner de leurs femmes, ny de leurs enfans : car il y en a plusieurs qui ont besoin de ces bains, & qui les negligent, à cause, ou de leurs occupations & charges, ou des grands frais, ou parce qu'il faut qu'ils quittent & abandonnent leurs affaires & leurs familles. Or parce qu'il est vray qu'on guerit par le moyen des bains mineraux plusieurs maladies dangereuses & importantes qui auoient esté auparauant abandonnées des Medecins, & que cela arriue souuent auec heureux succez. I'ay voulu pour le bien & soulagement de mon prochain, enseigner comment on fera les eaux medecinales & minerales, & comment on se pourra seruir de l'instrument pour graduer la chaleur des bains ; estant certain que beaucoup en seront soulagez. Ie veux donc enseigner ingenuëment & le plus briefuement que ie pourray, le moyen de faire & de se seruir des eaux minerales, aussi celuy de l'eau commune, comment il les faut apprester, & preparer pour s'en seruir dans ces cuues & buffets propres à se baigner, ou dans l'eau, ou à la vapeur, & premierement,

Du Bain fait auec l'eau commune.

POur ce qui concerne les bains communs, on les peut tres facilement pratiquer, parce que cela ne requiert pas grand art ; car il ne faut qu'emplir la cuue à baigner autant qu'on voudra, ou qu'il sera necessaire, d'eau de riuiere, ou de pluye, puis mettre le feu sous la boule, qui eschauffera l'eau, autant qu'on le voudra, ou qu'on le pourra endurer ; il y faut en suite faire entrer le malade, puis couurir le bain de son couuercle propre, & aiusté, afin que la vapeur chaude ne sorte pas, & qu'aussi le corps ne soit frappé de l'air froid, il faut enueloper la gorge du malade d'vn linge chaud, afin de mieux retenir la vapeur, il faut que le malade y demeure 1. 2. ou 3. heures, selon que la maladie le requerra, ou que les forces du malade le pourront permettre ; & pendant ce temps il faut entretenir la chaleur égale du bain, par le moyen de la boule. Que si le patient auoit soif pendant le bain, on luy pourra donner vn trait de boisson distillée, propre & specifique pour son mal ; ie ne parleray point icy de ces eaux, parce que ie reserue cela pour vn traité particulier que ie feray des bains, me contentant icy de donner le moyen de se seruir de l'instrument de cuiure, pour eschauffer conuenablement les bains, & les tenir en chaleur proportionnée & necessaire. Ie ne laisseray pas neantmoins de dire quelque chose en passant des differents effets de quelques bains, quoy que ie n'en traitte pas au fonds, ny parfaitement dans ce petit traité.

De la nature & des proprietez des bains chauds.

IL est necessaire de sçauoir que la pluspart des eaux medicales qui se trouuent en Allemagne, ou autres païs, soit chaudes, ou froides, charient auec elles vne acidité spirituelle sulphurée, que les vnes sont plus acides, plus spirituelles & plus sulphurées que les autres: & que c'est proprement dans cette acidité spirituelle sulphurée que reside la vertu & les proprietez de ces eaux; car si on leur oste leur odeur & leur goust par l'euaporation de ces esprits subtils, elles sont aussi tost dépoüillées de leurs vertus. Il y a pourtant aussi d'autres eaux qui ne possedent pas seulement vn soulphre spirituel, mais aussi corporel, & qui sont meslées d'alun & de vitriol, empreintes de quelque mineral, ou de quelque metal, dont la vertu ne dépend pas seulement de l'esprit, mais aussi du corps. Cette impression ne prouient que de ce que l'eau commune passe au trauers des conduits & des canaux, des mines de ces mineraux, & de ces metaux. Il se trouue aussi des bains pour la santé, qui ne tirent point leur vertu, ny d'vn soulphre spirituel, ny corporel, ny d'aucun metal, ny de sel corporel, mais ils la tirent d'vn sel spirituel meslé d'vne terrestrité subtile, & fixe. Ces eaux ne passent pas comme les autres par les canaux des mines, mais elles passent à trauers les montagnes où il y a des pierres calcinées par le feu central, desquelles elles tirent leur acidité subtile, & leur chaleur auec cette terrestrité insipide. Tous ceux qui connoissent la volatilité, & la fixité des sels, des mineraux & des metaux, ne desnieront iamais la verité de ce que i'ay dit, & que ie pourrois soustenir & appuyer de plusieurs raisons palpables & euidentes, que ie laisse pour le traité que i'en ay promis, puis que ce n'est pas le temps ny la commodité d'en traiter icy. Ie me contenteray de monstrer comment on pourra faire des bains artificiels auec les sels, les mineraux, & les metaux connus, qui seront non seulement esgaux en vertu aux naturels, mais qui les surpasseront en efficace pour la guerison de plusieurs maladies, & pour le recouurement de la santé parfaite. Quoy que i'eusse remis à traiter de l'origine & de la source des bains chauds dans le Liure que i'en ay promis, ie ne laisseray pourtant d'en dire quelque chose de fondamental, que i'ay tiré de l'estude de la Nature & de l'experience, & principalement à cause de la diuersité des opinions de tant de personnes doctes qui ont escrit sur ce sujet.

Il faut remarquer que l'acidité volatile ou corporelle, aussi bien que la chaleur, & la vertu des eaux minerales, ne procedent pas d'vne mesme source, autrement elles seroient toutes doüées d'vne mesme vertu, ce qui n'est pas, puis que l'experience iournaliere nous l'enseigne tout autrement. Car on sçait assez, qu'il y a des bains qui seront propres à beaucoup de maladies,& qu'au contraire,ils nuiront à d'autres, ce qui est causé par la differente vertu & proprieté de l'eau, selon qu'elle est engrossée des vertus des mineraux. Et pour en parler succintement, les eaux douces tirent leur chaleur, leur vertu & leur proprieté dans les montagnes, qui sont farcies de mineraux & de metaux, dont il s'en trouue de plusieurs sortes dans la terre, qui ont en eux vn esprit de sel tres-acre, comme sont les diuerses especes de marcassites,& de cailloux soulphteux,qui tiennent la pluspart du fer & du cuiure, & quelquefois aussi de l'or,& de l'argent,ou d'autres metaux. Et mesme toutes ces autres sortes de mines vitrioliques ou alumineuses, que les anciens mineurs ont appellées mysii rarij, chalcitis, melanteria, pyrites,dont les vnes se trouuent par veines & canaux,comme les metaux:les autres se trouuent parmy la terre grasse & argille en morceaux ronds, plus gros, ou plus petits. Et quand l'eau douce prend son cours à trauers vne mine de cette sorte, qui tient du soulphre & du sel, & qu'elle l'humecte; alors l'esprit de sel ayant vn vehicule, & vne ayde pour agir dessus la mine & la dissoudre; l'eau s'eschauffe, par cette dissolution,de mesme que si elle estoit dessus de la chaux non esteinte, ou de mesme que si on iettoit de l'esprit de sel ou de vitriol dessus du fer, ou sur vn autre metal, & ainsi cette eau dissout & ronge tous les iours quelque chose de la mine, & la produit au iour; & l'eau est emprainte de la nature & des proprietez de la mine, selon qu'elle estoit contenuë en icelle, & c'est de là que prouient la diuersité des vertus des bains & des eaux minerales, à cause de la diuersité des mines, par le moyen desquelles l'eau s'échauffe. Quiconque ne voudra pas croire cela, qu'il prenne vn morceau de ces sortes de mines, & qu'il l'enuelope dans vn linge vn peu moüillé, & il trouuera que cette pierre s'échauffera de telle façon, comme si elle auoit esté mise au feu, & que mesme à peine la pourra-t'il souffrir en sa main, iusques-là que l'eau pourroit boüillir dessus, & continuant ainsi, la pierre se consumera par l'eau, & se resoudra ny plus ny moins que fait la chaux viue commune.

I'ay voulu mettre icy briefuement ma pensée, touchant la chaleur des bains naturels: m'estant proposé d'en traiter plus clairement & plus amplement, si Dieu le permet. Encore qu'il n'importe pas au malade d'où les eaux tirent leur vertu & leur origine, il suffit qu'il sçache comment il faut qu'il s'en serue pour sa guerison. Quant au reste, c'est à faire aux Philosophes & aux Naturalistes d'en disputer: Toutefois il n'y a personne qui en puisse mieux traiter, ny plus fondamentalement que le Chymiste bien experimenté, lequel par vne longue suite de trauail a connu suffisamment la nature des mines, des metaux & des sels. Et premierement,

Des Bains & des eaux sulphurées qui sont meslées d'vne acidité subtile.

I'Ay enseigné cy-deuant dans le second Traité des Fourneaux Philosophiques, la façon de distiller les esprits sulphurez, volatils, subtils & penetrans du sel commun, du vitriol, de l'alun, du nitre, du soulphre, & de l'antimoine, comme aussi de toute autre sorte de sels, de mineraux & de metaux, & ce en plusieurs manieres, auec la description de leurs vertus, pour les prendre interieurement. Maintenant ie veux donner le moyen de se seruir de ces esprits en l'vsage des bains artificiels. On sçait assez que la vertu de quelques bains ne prouient pas de l'eau commune sans goust & sans vertu; mais de la volatilité des sels subtils, & de l'esprit de soulphre, & que neantmoins on ne peut pas se seruir de ces esprits mineraux qui sont d'vne nature chaude & penetrante pour la santé des hommes, sans les mesler auec l'eau commune, parce qu'autrement ils seroiét plus nuisibles que profitables. Pour cette cause Dieu a reuelé aux hommes, quoy qu'indignes & ingrats, par sa prouidence & par son amour, par la nature, le moyen de s'en seruir & leur vtilité, afin qu'ils le puissent supporter, & par leur ayde chasser les diuerses infirmitez & foiblesses ausquelles ils sont naturellement assujettis: cette sage nature fait cela, comme la seruante du Tres Haut, auquel elle obeït absolument, & duquel elle accomplit incessamment la volonté, comme nous le voyons tous les iours par les enseignemens qu'elle nous donne, par diuerses distillations, transmutations, & generations. C'est de ce maistre qu'il faut apprendre tous les arts & toutes les sciences, si nous en voulons auoir vne demonstration fondamentale & infaillible, puis que la Nature est comme vn Liure escrit du doigt de Dieu, & qui est remply de beaucoup de differentes & d'inépuisables merueilles. Cette maniere d'apprendre est bien plus seure & plus reelle, que celle de ces Philosophes ergotistes, superbes & vains, qui n'ont qu'vn babil inutile & importun. Penses-tu qu'on puisse acheter la vraye Philosophie pour des escus? comment est-ce qu'vn hõme de cette nature pourroit discourir des choses cachées en terre, & qui sont inuisibles, luy qui ne connoist pas mesme celles que le Soleil luy découure, qui de plus ne le veut pas connoistre, & qui auroit honte d'apprendre comment il les faut connoistre? tout iroit bien, si la science estoit semblable à son nom Comment est ce que celuy qui ne connoist pas le feu, pourra sçauoir ce qui s'ouure auec le feu, & ce qui se fait auec le feu? Le feu nous découure beaucoup de choses, par le moyen desquelles nous sommes conduits à la connoissance des choses plus cachées, comme par vn miroir. La vertu du feu nous monstre euidemment, comme toutes les eaux, les sels, les mineraux, les metaux, & beaucoup d'autres choses innombrables sont engendrées dans les entrailles de la Terre par la reflexion du feu central & astral. Toute la Nature demeure obscure & voilée, sans la connoissance du feu. Car le feu, dont tous les vrais Philosophes ont fait grand cas, est la clef de tous les plus importans secrets; enfin, en vn mot, qui ne connoist pas le feu, ne connoist pas la Nature, ny ses fruicts, mais qui ne sçait que ce qu'il a leu, ou ce qu'il a oüy dire, quoy que le cõmun prouerbe dise, que l'oüyr dire est grandement suiet au mensonge: car qui ne sçait autre chose est obligé de croire vn chacun, soit qu'il dise vray, ou faux, parce qu'il n'en reconnoist point la difference. Que sçais-tu, toy qui crois de leger, si ton maistre a escrit sa doctrine, ou conduit de l'experience, ou pour l'auoir trouué ainsi escrit ailleurs? ou que sçais-tu si ses escrits n'ont pas esté tronquez, changez, & sophistiquez par les mains de ceux qui les ont leus & maniez? voire comprends-tu bien le sens de ce qu'il a voulu dire? il vaut donc beaucoup mieux sçauoir, que douter & penser. Il y en a beaucoup de desuoyez par l'opinion, & beaucoup de trompez, pour croire, & ne sçauoir pas connoistre ce qu'ils croyent.

Il y en a beaucoup qui voudroient sçauoir, & pouuoir faire les belles choses, s'il ne coustoit rien, & s'ils n'apprehendoient pas la noirceur du charbon, & la roüille des pincettes & des mollets, ces Messieurs ayment mieux manier le cistre ou la mandore, que de se noircir les mains, & se rendre sçauans par le trauail. Ces gens peuuent estre comparez à ce ieune homme dont il est fait mention en l'Euangile selon S. Mathieu au chap. 19. qui eust volontiers appris la verité de IESVS CHRIST : mais il n'eust pas voulu le suiure en pauureté & misere, il ayma mieux se donner au bon temps, & demeurer en tenebres. Les superbes paons, & les perroquets remplis de babil, ne iettent que des cris ennuyeux & desagreables ; & au contraire, vn petit oiseau vil & méprisable resioüit les assistans de la melodie & de la douceur de sa voix. Certes, la peruersité du monde est à plaindre, puis qu'on s'attache plus opiniastrement à la vanité & à la superbe, qu'à la vertu & aux arts, quoy qu'il n'y ait rien de plus vtile ny de plus honneste, apres la parole de Dieu, qui nous reuele sa volonté pour nous obliger à la charité enuers nostre prochain.

I'ay mis tout cecy en faueur de la ieunesse, afin qu'ils ne consument pas inutilement le temps en choses vaines & superfluës, mais qu'ils l'employent vtilement à chercher auec le feu & dans le feu, sans lequel on ne peut auoir vne vraye connoissance des choses naturelles, il ne faut pas auoir honte d'apprendre ny s'ennuyer : il ne faut pas aussi douter qu'il ne soit difficile en la ieunesse : mais lors qu'on est paruenu en vn âge meur, & que l'entendement s'est fortifié par les experiences, on ne manquera iamais de perceuoir les fruicts de ses trauaux.

Suit la preparation ou le meslange des esprits salins & subtils des mineraux & des metaux auec l'eau douce commune.

POur ce qui concerne le poids & la quantité qu'il faut mesler de ces esprits sulphureux & subtils parmy l'eau commune, pour leur communiquer la mesme vertu des bains mineraux & naturels, cela se doit entendre de cette façon : Il faut auoir esgard à la bonté & subtilité des esprits, qui sont differents en ces deux qualitez, comme nous l'auons enseigné dans nostre seconde Partie, & selon cette bonté, & les forces du patient & la nature de la maladie y en mettre plus ou moins. Mais pour le donner à entendre plus clairement, on pourra mettre deux liures d'esprit dans vne cuue pleine d'eau, & y faire entrer le malade, & diminuer ou augmenter cette quantité, selon que le malade l'aura peu supporter : ce que i'enseigneray plus nettement & plus amplement dans le traité que ie feray des bains. Mais il y a cecy de notable, & qu'il faut obseruer, qu'il faut commencer par peu, puis aller tousiours en augmentant, afin que le malade s'y puisse accoustumer peu à peu, autrement cela l'affoibliroit trop, il faut donc agir en cela auec iugement & circonspection. Le Lecteur curieux se contentera de cecy, luy recommandant mon traité des Bains, dans lequel il trouuera tout ce qui sera necessaire pour bien & vtilement se seruir du bain : n'ayant voulu mettre icy que l'vsage de l'instrument de cuiure pour eschauffer les bains, afin que les malades s'en contentent, en attendant que le reste suiue pour sa plus grande instruction. Maintenant s'ensuit l'vsage

Des Bains soulphreux, chers & precieux.

IL faut appliquer la boule de cuiure à la cuue à baigner, & mettre le petit fourneau dessous, puis mettre dedans la cuue la quantité d'eau requise, qu'il faudra échauffer auec la boule iusqu'à la chaleur necessaire pour y pouuoir demeurer, alors que cela est ainsi, que le malade y entre, puis y verse la quantité proportionnée de l'esprit soulphreux, ferme en suite exactement les ouuertures & les iointures du couuercle du bain & le trou par où passe la teste, afin que ces esprits volatils ne se perdent, & ne s'enuolent, apres quoy il ne faut plus qu'entretenir la chaleur égale durant le temps que le malade sera dedans. Il faut changer l'eau à toutes les fois, & y adiouster du nouuel esprit. Voila le veritable vsage du bain échauffé par le moyen de la boule de cuiure, soit que ces bains soient faits d'eau simple, ou de quelque decoction d'herbes, ou qu'ils soient naturels ou artificiels par le moyen des esprits soulphreux. L'experience iournaliere fait voir que plusieurs maladies deplorables & inueterées ont esté gueries par ce moyen auec grand heur & auec grande facilité. Cecy soit assez dit touchant l'vsage de la boule de cuiure pour eschauffer les bains aqueux, s'ensuit

Comment il se faudra seruir de ce Globe de cuiure pour les bains secs, qui valent beaucoup mieux que les humides en plusieurs maladies.

I'Aurois peu remettre cette matiere iusqu'à ce que ie traitasse cela plus au loug dans le Liure des bains que i'ay promis cy deuant : mais craignant que quelque empeschement inopiné me priue de cette estude, i'ay trouué à propos de dire icy quelque chose des bains secs qui seruent à plusieurs maladies, afin que ie fasse voir comment on se pourra seruir non seulement des esprits subtils, soulphreux & secs : mais aussi des esprits medecinaux & penetrans, tant des animaux que des vegetaux, parce que ces derniers sont plus propres & plus conuenables pour la guerison de plusieurs differentes maladies que les autres. Or si on veut faire suër quelqu'vn auec ces esprits subtils, il faudra auoir vn buffet fait exprez pour cet effect, proportionné en sorte que le malade puisse estre assis dedans, il faut aussi qu'il y ait vn marche-pied & des accoudoirs, qu'il y ait vn trou en haut pour passer la teste qui se referme auec des planches coulisses, & que par en bas il y ait de chaque costé vne petite porte, pour y pouuoir mettre vne lampe auec de l'esprit de vin, ou vn réchaud de terre, auec du feu allumé, pour eschauffer le buffet, & entretenir la chaleur du malade, il faut que la grande porte par où on entre, ioigne bien iuste, & que la planche sur laquelle on s'asseoit, se puisse hausser & baisser, pour s'accommoder à la stature des malades : le tout estant en cet estat, & le malade dedans, il faut boucher bien exactement toutes les iointures, puis approcher le petit instrument de cuiure, auec son fourneau dessous, & ayant mis dedans la quantité requise de l'esprit que tu veux employer, il le faut aiuster à son trou, & l'eschauffer doucement, pour le faire vaporer dans le buffet, & qu'ainsi estant porté en vapeur subtile & penetrante, il produise son effect, & penetre mieux le corps du malade : & afin que le malade ne se refroidisse, il faut retenir la chaleur ou auec la lampe auec l'esprit de vin, qui ait vn lumignon de fil d'or tres-deslié, qui sera par ce moyen incombustible : ou auec vne escuelle de terre garnie de charbons ardens de bois de genieure, ou de sarmens de vigne, & ce qui seroit encore meilleur, de la racine de vigne, pource que ces charbons durent plus longtemps, & ne s'esteignent pas si facilement que toutes les autres especes de charbon. Nous traiterons amplement de tout cela dans le

traité

trante, amollissante, attenuante, deschargeante, & chassante, ce qui fait qu'ils sont aussi tres-bons pour oster toutes les obstructions des parties contenuës, & celles des parties contenantes, dans lesquelles ils font des operations merueilleuses. Ces esprits ouurent & amollissent les pores plus que toute autre chose, ils prouoquent la sueur puissamment, ils amollissent & ouurent aussi les hemorrhoïdes, ils prouoquent les purgations lunaires retenuës aux vieilles & aux ieunes femmes, ils nettoyent & eschauffent la matrice, causent la fertilité en elles; ils réchauffent, nettoyent & déchargent les cerueaux refroidis & chargez, & causent enfin vne bonne memoire & vn bon entendement. Mais il faut que les femmes enceintes en esuitent l'vsage, auec ceux qui ont les pores ouuerts, & qui sont tousiours en sueur: on pourroit encore attribuer auec verité à ces esprits beaucoup d'autres bonnes vertus, mais ie m'en tairay à cause de la briefueté. Ces deux sortes de bains ne sont pas les moyens les plus foibles, ny les chemins les plus longs pour restaurer la santé perduë, parce que par eux on peut faire des choses incroyables; à sçauoir, premierement le bain humide qui se fait dans l'eau emprainte de ces esprits subtils: Et secondement le bain sec ou vaporeux, par la vapeur de ces esprits, qui entrent dedans le buffet, duquel nous auons fait la description cy-dessus, auec l'aide de la boule de cuiure, & de la chaleur de son fourneau, qui est le moyen le meilleur pour faire que ces esprits penetrent le corps, & ainsi cela fait qu'ils accomplissent leur operation beaucoup mieux & plus viste.

Mais à cause que les esprits desquels i'ay parlé cy--dessus, ne se trouuent pas dans les boutiques ordinaires des Apotiquaires, & que tout le monde ne peut pas, & n'a pas le moyen de les preparer, selon que ie l'ay enseigné dedans mon second Traité ; Ie veux descouurir qu'il se trouue encore vne autre matiere minerale, qui n'a pas besoin d'estre distillée : qu'on n'a qu'à mettre dans l'instrument de cuiure, de laquelle il sortira par sa propre vertu & puissance, sans feu, vn esprit soulphreux & penetrant en quantité, qui entrera dans le buffet, où on fait suër le malade, & que cette vapeur possede les mesmes vertus, & a la mesme nature de ces esprits, que nous auons dit, qu'on tire des sels des mineraux & des metaux, & qui opere en tout aussi bien qu'eux, en sorte qu'il y a dequoy s'émerueiller de cela.

La Nature nous a aussi pareillement preparé vne autre matiere, qui se trouue par tout, & qui se peut mettre de mesme dans l'instrument de cuiure, qui donne sans feu, volontairement & librement de soy-mesme & par sa propre vertu, vn esprit semblable en proprieté, en vertu & en operation à celuy qui se tire du tartre, de la corne de Cerf, du sel armoniac, de la suye de cheminée, de l'vrine, & d'autres choses semblables, comme nous auons enseigné de faire en nostre second traité, asseurant que cet esprit produit les mesmes effets, que ces autres qui sont tirez par le moyen de la distillation auec beaucoup de frais & de trauail. Ces deux matieres differentes suffisent pour ce qui est des bains, & pour faire suër, en la place des esprits soulphreux mineraux, & des esprits mercuriels vegetaux & animaux. Tout le monde sçauroit volontiers quelles sont ces deux matieres qu'on peut ainsi auoir facilement & sans frais, & auec lesquelles on peut faire tant de merueilles dans les maladies : Ie les enseignerois de bon cœur aux bons : mais parce que la plus grande bande est ingrate, & par consequent indigne de ce grand remede, ie les tairay, craignant de semer les perles deuant les pourceaux, mais les bons, ausquels Dieu le permettra, les trouueront facilement par la lecture de mes autres escrits.

Suit maintenant le moyen comment on se pourra seruir d'vne cuue de bois en la place d'vne chaudiere de cuiure ou d'airain, pour cuire & faire boüillir toutes sortes de choses, comme biere, hydromel, vinaigre, & autres choses semblables.

NOus aurions beaucoup de choses à dire sur cette matiere, à cause qu'il y a beaucoup de personnes qui font germer le grain, & en font des bras, pour en suite en faire de la biere, ou du vinaigre, & quoy que cela se fasse communément, & qu'il semble que tout le monde le sçache, il y auroit neantmoins beaucoup de choses à enseigner, à reprendre & à meliorer : mais comme ce n'est pas maintenant mon intention de le monstrer, on n'aura qu'à se seruir de la boule de culure, & l'approprier à la cuue de bois, pour ceux qui n'auront point de chaudieres, & ainsi cette inuention luy seruira, & on n'aura qu'à suiure la maniere que nous auons enseignée cy dessus en parlant des autres operations, & ainsi faire sa biere, & les autres choses à sa maniere accoustumée.

Ie pourrois aussi en outre apprendre en peu de mots plusieurs secrets profitables; comment on pourroit oster au miel son mauuais goust & sa mauuaise odeur par le moyen de la precipitation ; & puis apres d'en tirer vn esprit agreable, semblable en tout à celuy qui se tire du vin, pareillement aussi le moyen d'en faire vn vin de tres bon goust, plus agreable, plus clair & plus durable que la meilleure maluoisie. De plus, ie pourrois aussi enseigner le moyen de le crystalliser apres sa purification, & de le rendre aussi agreable, & aussi bon au goust que le succre, & encore la façon de changer sa douceur en acide, & ainsi en faire du tartre, esgal en tout à celuy qui s'amasse & qui se crystallise dans les tonneaux de vin.

Ie pourrois aussi encore monstrer comment on pourroit faire du vin aussi bon que celuy qui se fait des raisins, & qui mesme sera plus durable, & qui ſubſiſtera durant plus d'années, & aura auſſi bon gouſt que le naturel, du ſuc des fruicts des arbres, comme des ceriſes, des poires, des pommes, & d'autres fruicts ſemblables, qui ne poura eſtre diſtingué des autres vins, par ſon gouſt, par ſa couleur, ny par ſa vertu. Ie pourrois encore enſeigner la façon de faire de bon vin, auec des raiſins non meurs, ou à cauſe de la froidure du climat du pays, ou à cauſe de celle de la ſaiſon, & que ce vin ne ſeroit pas moindre que celuy du Rhin, à ſçauoir auec le ſecret de changer leur acidité en douceur. De plus, comment on pourroit faire du tartre auec l'ozeille, & autres vegetables pareils, pareil en tout, ſoit en gouſt, en couleur, & en vertu à celuy du Rhin à toutes eſpreuues, & en grande quantité auec peu de frais. Comment auſſi on pourroit faire auec le grain vne bonne eau de vie, & faire du tres-bon vinaigre, & auſſi clair que celuy du vin de Rhin, ſans faire moudre le grain, & ſans le faire germer. Et finalement le moyen de tirer vn tres bon eſprit, du grain reduit en farine; ſans alterer la farine, mais la laiſſer propre pour en faire du pain, bon, nourriſſant & ſain.

Ie pourrois enſeigner encore icy beaucoup d'autres beaux ſecrets ſemblables, qui ſeroient tres-vtiles, pour le changement & la melioration des vegetables : Mais il n'eſt pas neceſſaire de rendre toutes les belles choſes communes, en meſme temps, & toutes à la fois, ce Liure ſe groſſiroit trop contre ma volonté, ſi i'enseignois ces secrets & plusieurs autres belles possibilitez de la Nature. C'est pourquoy ie le finiray, croyant neantmoins qu'il est assez gros, & qu'il ne sera pas inutile à plusieurs curieux, pour l'accomplissement de leurs intentions, apres quoy ie les recommande à Dieu.

Fin de la troisiesme Partie.

www.ingramcontent.com/pod-product-compliance
Ingram Content Group UK Ltd.
Pitfield, Milton Keynes, MK11 3LW, UK
UKHW022136190726
13855UKWH00003B/1166